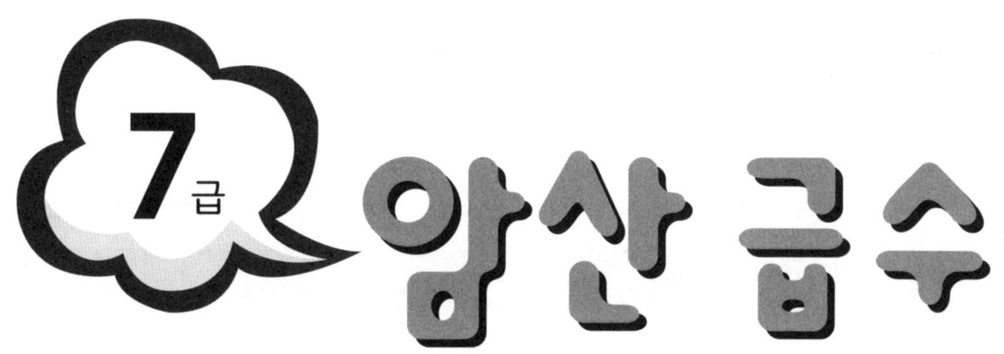

대한암산수학연구소

걸린시간 : _______ 분 _______ 초

1	2	3	4	5
4	3	6	5	8
8	2	9	7	4
5	6	8	4	3
2	7	5	3	2
9	8	4	6	9
7	1	3	2	5

6	7	8	9	10
9	7	5	3	1
2	4	6	8	9
1	2	4	6	8
3	5	7	9	5
5	9	8	4	2
4	3	1	5	6

<table>
<tr><td>점
수</td><td></td><td>확
인</td><td></td></tr>
</table>

제1회 가감암산 2교시

제한시간 : 3분

걸린시간 : _____ 분 _____ 초

1	2	3	4	5
84	52	68	57	79
−2	7	5	−2	4
27	−9	49	68	56
6	38	−1	2	−1

6	7	8	9	10
84	76	63	49	54
−3	5	−2	6	−3
97	84	57	87	56
7	−5	6	−2	5

점수		확인	

걸린시간 : _____ 분 _____ 초

1	80 × 6 =
2	31 × 5 =
3	60 × 2 =
4	41 × 9 =
5	20 × 7 =
6	42 × 4 =
7	60 × 8 =
8	50 × 3 =
9	90 × 6 =
10	51 × 8 =
11	7 × 13 =
12	2 × 20 =
13	5 × 51 =
14	0 × 72 =
15	8 × 32 =
16	3 × 80 =
17	5 × 62 =
18	4 × 60 =
19	9 × 93 =
20	6 × 30 =

점수 / 확인

제2회 가암산 **1교시** 제한시간 : 3분

걸린시간 : _____ 분 _____ 초

1	2	3	4	5
5	7	2	9	4
3	2	8	3	6
8	3	5	7	9
6	1	4	6	8
7	4	6	8	7
2	9	7	5	3

6	7	8	9	10
2	4	6	8	9
3	1	3	5	7
5	7	9	7	5
8	9	8	6	3
7	5	4	3	2
9	8	7	4	1

점수		확인	

걸린시간 : _____ 분 _____ 초

1	2	3	4	5
34	49	76	84	28
− 3	7	− 5	2	− 7
89	76	92	59	67
7	− 1	2	− 5	5

6	7	8	9	10
46	64	83	78	59
− 5	3	− 2	9	− 8
77	96	85	57	68
2	− 1	5	− 3	7

점수		확인	

| 제2회 가암산 | **3교시** | | 제한시간 : 3분 |

걸린시간 : _____ 분 _____ 초

1	50	×	8	=
2	31	×	6	=
3	63	×	3	=
4	20	×	7	=
5	50	×	4	=
6	94	×	2	=
7	30	×	8	=
8	70	×	9	=
9	41	×	5	=
10	80	×	6	=
11	3	×	53	=
12	9	×	36	=
13	2	×	74	=
14	1	×	80	=
15	4	×	12	=
16	0	×	50	=
17	2	×	63	=
18	4	×	40	=
19	5	×	50	=
20	8	×	81	=

| 점수 | | 확인 | |

걸린시간 : _______ 분 _______ 초

1	2	3	4	5
6	7	8	3	5
3	2	3	8	1
7	6	4	9	6
8	1	5	6	3
1	3	7	2	8
2	5	9	1	4

6	7	8	9	10
1	6	9	2	1
5	3	2	8	2
3	8	7	9	8
6	7	4	7	4
4	2	1	6	9
2	4	6	5	3

점수 |
확인 |

제3회 가감암산 **2교시**　　제한시간 : 3분

7급

걸린시간 : ______ 분 ______ 초

1	2	3	4	5
34	69	74	85	76
−2	6	−3	5	−1
86	79	87	54	43
2	−1	3	−2	3

6	7	8	9	10
48	37	94	88	43
−7	5	−4	4	−1
92	89	75	57	86
2	−1	5	−6	5

점수 　　　확인

걸린시간 : _____ 분 _____ 초

1	90	×	2	=
2	54	×	4	=
3	80	×	0	=
4	20	×	3	=
5	61	×	6	=
6	30	×	9	=
7	70	×	7	=
8	90	×	6	=
9	40	×	5	=
10	53	×	3	=
11	6	×	51	=
12	8	×	30	=
13	3	×	70	=
14	4	×	52	=
15	9	×	20	=
16	3	×	83	=
17	7	×	71	=
18	2	×	94	=
19	1	×	49	=
20	5	×	31	=

점수　　　　확인

걸린시간 : _____ 분 _____ 초

1	2	3	4	5
3	6	9	5	2
5	8	4	2	6
9	3	2	7	4
6	2	3	1	5
2	4	5	8	9
1	5	1	3	7

6	7	8	9	10
8	5	2	3	1
2	4	9	7	4
1	3	5	6	3
6	7	1	8	9
3	6	8	4	2
5	2	4	2	8

점수 □　　확인 □

걸린시간 : _____ 분 _____ 초

1	2	3	4	5
63	72	94	38	42
−2	1	−3	7	−2
74	64	84	53	27
9	−7	5	−3	6

6	7	8	9	10
27	43	83	26	95
−6	7	−3	5	−5
93	89	76	92	88
3	−6	5	−2	6

점수		확인	

걸린시간 : _____ 분 _____ 초

1	30	×	9	=
2	12	×	0	=
3	60	×	7	=
4	81	×	2	=
5	70	×	9	=
6	42	×	3	=
7	50	×	4	=
8	62	×	3	=
9	80	×	6	=
10	51	×	5	=
11	8	×	30	=
12	3	×	52	=
13	5	×	60	=
14	7	×	41	=
15	2	×	92	=
16	4	×	40	=
17	8	×	60	=
18	7	×	41	=
19	6	×	21	=
20	9	×	40	=

점수		확인	

걸린시간 : ______ 분 ______ 초

1	2	3	4	5
9	3	5	2	8
5	8	3	7	3
2	1	6	4	2
3	6	4	8	5
1	2	7	3	1
8	7	2	1	4

6	7	8	9	10
5	8	2	3	7
6	3	5	8	3
9	1	7	4	2
1	7	3	2	4
8	5	4	1	6
2	4	6	5	5

점수　　　확인

2교시

제한시간 : 3분

걸린시간 : _____ 분 _____ 초

1	2	3	4	5
38	42	84	96	78
-5	2	-3	6	-7
76	84	75	67	85
8	-6	3	-9	6

6	7	8	9	10
42	57	85	63	28
-1	6	-5	2	-7
86	56	92	58	92
6	-9	4	-3	6

점수		확인	

걸린시간 : _____ 분 _____ 초

1	60	×	5	=
2	34	×	2	=
3	80	×	7	=
4	43	×	3	=
5	90	×	9	=
6	62	×	4	=
7	60	×	6	=
8	24	×	0	=
9	50	×	8	=
10	71	×	3	=
11	9	×	40	=
12	4	×	32	=
13	8	×	80	=
14	7	×	41	=
15	3	×	90	=
16	5	×	91	=
17	6	×	80	=
18	3	×	42	=
19	9	×	30	=
20	2	×	74	=

점수   확인

제6회 가암산 **1교시** 제한시간 : 3분

걸린시간 : _____ 분 _____ 초

1	2	3	4	5
5	8	3	6	2
9	7	4	8	7
4	6	5	5	8
2	3	8	4	6
6	4	7	7	4
3	1	2	3	3

6	7	8	9	10
8	5	3	7	4
3	9	7	4	6
4	6	4	6	8
6	1	8	2	3
5	8	2	5	1
2	3	1	3	7

점수		확인	

걸린시간 : _____ 분 _____ 초

1	2	3	4	5
38	47	86	74	68
−8	9	−5	3	−7
87	63	57	92	93
4	−6	3	−8	7

6	7	8	9	10
49	76	38	94	83
−8	5	−6	3	−2
87	57	75	62	92
9	−8	3	−5	8

점수		확인	

제6회
승암산 **3교시**   제한시간 : 3분

7급

걸린시간 : _____ 분 _____ 초

1	40	× 6	=
2	42	× 3	=
3	60	× 9	=
4	31	× 7	=
5	80	× 4	=
6	52	× 3	=
7	90	× 5	=
8	43	× 2	=
9	50	× 8	=
10	71	× 4	=
11	9	× 20	=
12	7	× 31	=
13	0	× 80	=
14	3	× 82	=
15	8	× 90	=
16	5	× 91	=
17	2	× 72	=
18	9	× 50	=
19	6	× 81	=
20	4	× 70	=

점수

확인

걸린시간 : ______ 분 ______ 초

1	2	3	4	5
4	6	2	8	5
9	3	8	4	7
2	5	3	7	2
3	7	5	6	1
1	4	9	2	3
5	2	1	3	4

6	7	8	9	10
3	7	4	8	2
6	9	8	6	5
7	3	2	1	7
1	2	3	5	9
5	4	7	4	3
2	5	6	7	2

점수		확인	

2교시 제한시간 : 3분

걸린시간 : _____ 분 _____ 초

1	2	3	4	5
35	56	73	89	96
5	-1	2	-8	5
83	54	92	76	58
-2	3	-7	4	-8

6	7	8	9	10
84	93	76	59	64
-3	2	-5	8	-2
74	63	53	42	93
8	-7	4	-3	5

점수		확인	

걸린시간 : _____ 분 _____ 초

1	80	×	2	=
2	42	×	3	=
3	90	×	6	=
4	34	×	2	=
5	60	×	5	=
6	53	×	0	=
7	80	×	7	=
8	61	×	4	=
9	90	×	5	=
10	25	×	9	=
11	6	×	10	=
12	4	×	57	=
13	3	×	30	=
14	7	×	68	=
15	5	×	20	=
16	8	×	36	=
17	2	×	90	=
18	4	×	49	=
19	7	×	70	=
20	9	×	94	=

점수

확인

걸린시간 : _____ 분 _____ 초

1	2	3	4	5
4	7	2	9	8
3	4	7	2	4
6	1	4	3	2
8	3	6	5	9
9	2	5	4	3
7	5	1	6	1

6	7	8	9	10
8	3	2	1	4
9	5	8	7	6
4	8	9	9	7
3	4	7	3	3
2	1	4	5	5
7	6	3	8	8

점수   확인

걸린시간 : _____ 분 _____ 초

1	2	3	4	5
49	57	64	98	87
4	−7	9	−6	8
55	45	52	67	38
−6	7	−5	8	−2

6	7	8	9	10
56	89	79	38	27
8	−6	2	−5	8
34	26	47	64	29
−3	5	−7	9	−2

점수		확인	

제8회 승암산	**3교시**	제한시간 : 3분

걸린시간 : _____ 분 _____ 초

1	70	×	5	=	
2	34	×	2	=	
3	60	×	7	=	
4	52	×	3	=	
5	40	×	9	=	
6	23	×	0	=	
7	50	×	8	=	
8	86	×	6	=	
9	90	×	7	=	
10	58	×	4	=	
11	3	×	20	=	
12	4	×	35	=	
13	8	×	70	=	
14	5	×	27	=	
15	4	×	50	=	
16	2	×	99	=	
17	7	×	30	=	
18	9	×	83	=	
19	6	×	40	=	
20	3	×	61	=	

점수		확인	

걸린시간 : _____ 분 _____ 초

1	2	3	4	5
5	9	6	7	3
8	3	5	8	2
6	2	4	5	9
2	1	3	4	7
3	4	7	2	1
4	5	2	3	4

6	7	8	9	10
6	8	4	9	7
9	6	7	3	2
2	3	5	2	8
1	4	3	5	6
4	5	9	8	5
3	7	2	4	1

점수 [ ] 확인 [ ]

제9회
가감암산 **2교시** 제한시간 : 3분

걸린시간 : _____ 분 _____ 초

1	2	3	4	5
87	59	28	49	67
8	−6	3	−5	8
34	47	78	63	28
−7	8	−6	9	−2

6	7	8	9	10
72	89	58	93	84
7	4	9	8	8
36	73	42	17	11
−5	−1	−7	−6	−3

점수		확인	

걸린시간 : _____ 분 _____ 초

1	80	×	5	=
2	87	×	2	=
3	90	×	9	=
4	32	×	4	=
5	20	×	7	=
6	41	×	3	=
7	54	×	0	=
8	80	×	6	=
9	65	×	3	=
10	50	×	8	=
11	7	×	50	=
12	4	×	53	=
13	8	×	30	=
14	6	×	26	=
15	9	×	30	=
16	1	×	89	=
17	3	×	78	=
18	8	×	40	=
19	2	×	93	=
20	5	×	60	=

점수 확인

1교시

제한시간 : 3분

걸린시간 : _____ 분 _____ 초

1	2	3	4	5
6	5	3	8	7
5	6	8	9	6
4	4	2	6	8
8	7	4	2	1
9	3	7	5	3
1	2	5	1	2

6	7	8	9	10
4	2	1	8	9
7	8	2	9	6
3	5	9	2	3
6	7	4	3	2
5	6	7	6	1
1	3	3	4	5

점수
확인

걸린시간 : _____ 분 _____ 초

1	2	3	4	5
53	78	94	36	58
7	−3	4	−5	6
48	86	48	35	62
−3	8	−6	9	−5

6	7	8	9	10
98	68	73	56	47
4	−3	9	−6	8
36	54	87	46	64
−3	5	−8	6	−7

점수		확인	

제10회 승암산 3교시 제한시간 : 3분

7급

걸린시간 : _____ 분 _____ 초

1	$40 \times 6 =$
2	$84 \times 2 =$
3	$50 \times 3 =$
4	$32 \times 4 =$
5	$70 \times 5 =$
6	$63 \times 0 =$
7	$20 \times 9 =$
8	$41 \times 7 =$
9	$30 \times 8 =$
10	$96 \times 1 =$
11	$6 \times 80 =$
12	$4 \times 47 =$
13	$8 \times 60 =$
14	$5 \times 39 =$
15	$2 \times 90 =$
16	$7 \times 28 =$
17	$8 \times 20 =$
18	$3 \times 55 =$
19	$9 \times 10 =$
20	$5 \times 66 =$

점수 확인

걸린시간 : ______ 분 ______ 초

1	2	3	4	5
6	4	5	3	2
4	8	4	6	8
5	6	2	8	9
2	3	8	7	1
1	2	6	4	3
9	5	3	2	7

6	7	8	9	10
3	8	9	3	2
8	3	5	7	8
4	2	6	4	6
2	7	4	8	5
5	4	3	2	7
7	5	1	5	9

점수   확인

제11회 가감암산 **2교시** 제한시간 : 3분

걸린시간 : _____ 분 _____ 초

1	2	3	4	5
4	7	6	8	96
53	62	− 5	48	− 5
26	− 4	53	38	78
− 2	83	61	− 2	7

6	7	8	9	10
7	3	49	86	5
94	86	53	27	49
36	− 8	3	− 2	87
− 2	46	− 5	8	− 1

점수		확인	

걸린시간 : _____ 분 _____ 초

1	30	×	8	=
2	63	×	3	=
3	90	×	9	=
4	72	×	4	=
5	80	×	6	=
6	21	×	7	=
7	40	×	5	=
8	84	×	3	=
9	50	×	2	=
10	95	×	4	=
11	6	×	70	=
12	7	×	38	=
13	4	×	80	=
14	3	×	92	=
15	5	×	60	=
16	2	×	54	=
17	8	×	20	=
18	1	×	89	=
19	9	×	10	=
20	0	×	47	=

점수		확인	

대한 암산 수학 연구소

걸린시간 : _____ 분 _____ 초

1	2	3	4	5
8	6	5	8	9
3	5	7	4	3
2	3	2	7	1
4	8	4	5	6
5	2	1	2	5
9	7	6	3	4

6	7	8	9	10
7	4	8	3	9
5	9	7	5	2
2	3	6	8	5
4	7	3	2	1
3	2	1	9	6
1	5	2	4	5

점수 □ 확인 □

걸린시간 : _____ 분 _____ 초

1	2	3	4	5
64	38	97	59	49
9	−3	8	−7	7
26	47	59	42	87
−6	7	−3	8	−2

6	7	8	9	10
37	26	41	86	72
9	−1	3	−5	8
62	84	95	38	68
−3	7	−4	9	−6

점수 　　확인

걸린시간 : _____ 분 _____ 초

1	50	×	6	=
2	48	×	9	=
3	40	×	4	=
4	82	×	2	=
5	90	×	4	=
6	34	×	2	=
7	60	×	7	=
8	73	×	8	=
9	90	×	5	=
10	25	×	3	=
11	1	×	30	=
12	4	×	21	=
13	7	×	80	=
14	5	×	31	=
15	8	×	70	=
16	3	×	52	=
17	6	×	20	=
18	0	×	46	=
19	9	×	60	=
20	2	×	83	=

점수

확인

걸린시간 : _____ 분 _____ 초

1	2	3	4	5
5	3	7	9	5
9	8	5	6	2
4	4	6	4	8
7	6	1	2	9
2	1	2	3	6
3	5	4	2	1

6	7	8	9	10
2	4	5	7	3
7	9	8	6	2
5	3	2	1	7
1	2	3	9	8
8	5	7	4	1
4	6	1	3	5

점수		확인	

제13회 가감암산 2교시

제한시간 : 3분

걸린시간 : _____ 분 _____ 초

1	2	3	4	5
36	59	85	48	93
6	−3	9	−2	5
82	28	47	46	69
−2	8	−1	5	−6

6	7	8	9	10
85	93	28	42	74
7	−3	9	−2	7
37	48	36	53	88
−8	7	−1	8	−6

점수   확인

걸린시간 : _____ 분 _____ 초

1	40 × 9 =
2	36 × 1 =
3	60 × 5 =
4	52 × 4 =
5	90 × 3 =
6	84 × 2 =
7	60 × 7 =
8	73 × 0 =
9	80 × 6 =
10	47 × 9 =
11	2 × 50 =
12	7 × 71 =
13	4 × 80 =
14	8 × 26 =
15	5 × 90 =
16	2 × 63 =
17	9 × 70 =
18	4 × 42 =
19	6 × 30 =
20	3 × 48 =

점수		확인	

제14회 **가암산** **1교시** 제한시간 : 3분

걸린시간 : _____ 분 _____ 초

1	2	3	4	5
4	7	2	8	9
5	9	7	3	5
6	8	9	4	2
2	3	4	5	6
8	1	3	6	7
3	6	1	2	4

6	7	8	9	10
7	9	5	3	1
4	5	7	8	9
3	4	6	9	7
8	6	4	2	8
2	1	8	7	5
6	3	1	4	2

점수		확인	

걸린시간 : _____ 분 _____ 초

1	2	3	4	5
4	68	7	69	5
28	76	89	− 2	53
99	9	− 6	8	87
− 1	− 2	25	16	− 5

6	7	8	9	10
78	94	9	61	2
48	− 2	83	38	77
9	37	66	− 8	− 9
− 5	8	− 1	7	85

점수   확인

제14회 승암산 | **3교시** | 제한시간 : 3분

걸린시간 : _____ 분 _____ 초

1	50	×	4	=
2	38	×	1	=
3	90	×	5	=
4	72	×	9	=
5	40	×	7	=
6	83	×	2	=
7	50	×	0	=
8	31	×	8	=
9	80	×	6	=
10	62	×	3	=
11	9	×	20	=
12	7	×	56	=
13	8	×	30	=
14	3	×	43	=
15	5	×	60	=
16	2	×	97	=
17	8	×	70	=
18	3	×	49	=
19	6	×	90	=
20	4	×	82	=

점수		확인	

걸린시간 : _____ 분 _____ 초

1	2	3	4	5
6	3	7	5	8
8	6	9	8	6
2	7	4	3	9
7	5	6	2	1
1	4	3	6	7
9	8	2	1	3

6	7	8	9	10
6	8	3	9	7
4	9	5	7	4
8	3	2	4	3
1	6	8	3	2
7	2	4	2	1
9	1	6	8	8

점 수 | 확 인

대한 암산 수학 연구소

걸린시간 : _____ 분 _____ 초

1	2	3	4	5
7	9	9	94	5
47	78	56	35	68
83	−7	82	−7	39
−2	46	−5	9	−1

6	7	8	9	10
8	9	42	6	53
85	98	79	75	86
63	−7	6	88	−9
−5	86	−5	−9	7

점수　　　확인

걸린시간 : _____ 분 _____ 초

1	30	× 9	=
2	82	× 3	=
3	50	× 2	=
4	39	× 1	=
5	60	× 4	=
6	63	× 0	=
7	90	× 5	=
8	52	× 6	=
9	74	× 8	=
10	40	× 7	=
11	5	× 20	=
12	4	× 96	=
13	7	× 80	=
14	3	× 61	=
15	8	× 90	=
16	2	× 32	=
17	9	× 80	=
18	2	× 42	=
19	7	× 70	=
20	6	× 28	=

점수　　　확인

| 제16회 가암산 | 1교시 | 제한시간 : 3분 |

걸린시간 : _____ 분 _____ 초

1	2	3	4	5
6	1	8	3	9
4	8	4	9	5
3	9	5	7	4
8	6	3	2	1
7	4	2	1	3
1	2	6	8	7

6	7	8	9	10
9	3	7	6	3
2	8	9	5	6
8	2	4	4	5
1	6	3	7	8
7	4	2	1	7
6	9	5	3	2

| 점수 | | 확인 | |

걸린시간 : _____ 분 _____ 초

1	2	3	4	5
4	8	35	2	3
63	86	87	57	39
35	−3	7	−9	74
−2	45	−5	26	−1

6	7	8	9	10
8	4	9	79	5
48	93	51	−4	63
95	−2	39	84	38
−1	66	−7	7	−5

점수

확인

걸린시간 : _____ 분 _____ 초

1	70	×	5	=
2	43	×	9	=
3	60	×	2	=
4	56	×	0	=
5	80	×	7	=
6	21	×	8	=
7	30	×	4	=
8	17	×	1	=
9	30	×	6	=
10	62	×	3	=
11	6	×	40	=
12	4	×	27	=
13	8	×	90	=
14	3	×	46	=
15	9	×	10	=
16	5	×	61	=
17	7	×	80	=
18	2	×	73	=
19	8	×	30	=
20	6	×	59	=

점수

확인

제한시간 : 3분

걸린시간 : ______ 분 ______ 초

1	2	3	4	5
4	5	6	4	5
7	8	2	5	2
3	6	9	8	9
9	9	5	9	4
7	2	4	3	9
8	5	8	8	6

6	7	8	9	10
7	6	6	3	2
3	7	2	8	7
9	2	8	4	4
4	8	5	9	9
8	9	9	6	2
5	4	2	7	9

점수		확인	

| 제17회 가감암산 | **2교시** | | 제한시간 : 3분 |

걸린시간 : _____ 분 _____ 초

1	2	3	4	5
5	6	59	4	8
36	53	48	68	59
68	−8	−2	47	−2
−1	76	6	−3	75

6	7	8	9	10
6	9	39	4	7
58	67	−4	83	−6
−3	49	6	57	38
75	−5	72	−2	59

| 점수 | | 확인 | |

걸린시간 : _____ 분 _____ 초

1	50	×	6	=
2	82	×	3	=
3	60	×	0	=
4	58	×	2	=
5	50	×	5	=
6	52	×	3	=
7	30	×	9	=
8	62	×	4	=
9	90	×	7	=
10	74	×	8	=
11	9	×	90	=
12	1	×	63	=
13	5	×	70	=
14	7	×	45	=
15	8	×	50	=
16	4	×	29	=
17	6	×	80	=
18	2	×	63	=
19	6	×	80	=
20	3	×	91	=

점수 　　　 확인

제18회 가암산 | **1교시** | 제한시간 : 3분

걸린시간 : _____ 분 _____ 초

1	2	3	4	5
7	5	3	5	4
5	9	6	2	8
9	2	5	7	6
2	6	9	4	2
4	3	5	9	9
7	9	7	7	5

6	7	8	9	10
5	6	6	5	4
8	8	4	2	6
2	3	8	7	2
9	8	2	3	9
5	6	9	9	8
7	7	5	6	6

점수 [ ] 확인 [ ]

걸린시간 : _____ 분 _____ 초

1	2	3	4	5
6	9	78	95	8
58	44	66	− 5	64
98	− 3	4	49	85
− 1	15	− 5	7	− 2

6	7	8	9	10
8	8	4	79	8
69	59	86	− 3	70
48	− 7	39	5	− 8
− 5	88	− 2	42	27

점수		확인	

제18회
승암산 **3교시** 제한시간 : 3분

걸린시간 : _____ 분 _____ 초

1	40	×	6	=
2	52	×	4	=
3	60	×	7	=
4	84	×	2	=
5	60	×	5	=
6	97	×	0	=
7	50	×	7	=
8	49	×	3	=
9	70	×	9	=
10	81	×	8	=
11	5	×	20	=
12	2	×	72	=
13	8	×	50	=
14	1	×	89	=
15	9	×	30	=
16	4	×	32	=
17	7	×	30	=
18	3	×	65	=
19	4	×	80	=
20	6	×	93	=

점수

확인

걸린시간 : _____ 분 _____ 초

1	2	3	4	5
7	3	4	7	6
3	4	8	5	3
8	7	6	3	7
6	5	7	9	6
9	9	4	7	9
3	8	2	6	7

6	7	8	9	10
4	5	7	8	5
7	3	4	5	3
6	7	2	8	7
8	8	7	3	4
9	4	8	9	8
4	6	6	4	9

점수		확인	

제19회 가감암산 **2교시** 제한시간 : 3분

걸린시간 : _____ 분 _____ 초

1	2	3	4	5
5	63	46	7	9
73	83	52	82	59
86	−6	−7	38	−5
−2	9	8	−5	62

6	7	8	9	10
8	7	9	98	7
77	62	87	−6	59
32	−8	63	4	48
−2	76	−7	22	−4

점수 　　　 확인 　　　

걸린시간 : _____ 분 _____ 초

1	20 × 7 =
2	32 × 3 =
3	50 × 5 =
4	62 × 4 =
5	80 × 9 =
6	97 × 1 =
7	60 × 8 =
8	71 × 0 =
9	70 × 6 =
10	64 × 2 =
11	6 × 40 =
12	7 × 67 =
13	4 × 90 =
14	2 × 82 =
15	7 × 50 =
16	5 × 43 =
17	8 × 21 =
18	9 × 70 =
19	3 × 92 =
20	8 × 30 =

점수 확인

제20회 가암산 · 1교시 제한시간 : 3분

걸린시간 : _______ 분 _______ 초

1	2	3	4	5
4	7	6	5	7
6	4	3	6	2
2	9	8	3	9
9	7	5	9	5
8	3	2	5	7
5	5	9	6	3

6	7	8	9	10
4	6	7	5	7
7	3	3	8	3
2	8	9	2	9
8	5	5	9	5
5	9	7	4	7
9	6	3	6	4

점수 | 확인

걸린시간 : _____ 분 _____ 초

1	2	3	4	5
7	6	59	8	6
69	73	47	34	83
−6	38	−6	67	−5
31	−7	9	−5	92

6	7	8	9	10
7	6	48	6	78
38	82	−3	86	−5
84	−1	8	−2	36
−2	72	27	42	7

점수　확인

제20회 승암산	3교시	제한시간 : 3분

걸린시간 : _____ 분 _____ 초

1	10	×	7	=
2	42	×	9	=
3	60	×	5	=
4	43	×	2	=
5	60	×	8	=
6	64	×	3	=
7	80	×	6	=
8	72	×	0	=
9	90	×	4	=
10	73	×	1	=
11	9	×	20	=
12	4	×	62	=
13	2	×	80	=
14	3	×	47	=
15	7	×	50	=
16	8	×	90	=
17	5	×	52	=
18	6	×	70	=
19	3	×	61	=
20	2	×	89	=

점수		확인	

걸린시간 : _____ 분 _____ 초

1	2	3	4	5
5	7	6	4	6
3	3	3	7	3
9	9	9	3	9
6	6	6	9	6
7	3	4	7	7
5	8	2	6	3

6	7	8	9	10
5	4	6	7	6
3	7	2	3	3
9	2	9	9	9
7	9	8	7	6
5	6	4	8	3
8	8	7	5	5

점수 ____ 확인 ____

제21회 **가감암산** · **2교시** | 제한시간 : 3분

걸린시간 : _____ 분 _____ 초

1	2	3	4	5
6	7	9	77	34
73	89	28	−6	84
69	−1	78	83	−7
−3	23	−5	6	5

6	7	8	9	10
7	5	68	6	38
83	74	92	83	57
27	−9	9	−7	2
−2	38	−6	53	−5

점수		확인	

걸린시간 : _____ 분 _____ 초

1	30 × 5 =
2	83 × 2 =
3	50 × 8 =
4	92 × 3 =
5	80 × 7 =
6	72 × 0 =
7	90 × 4 =
8	61 × 9 =
9	60 × 6 =
10	82 × 4 =
11	7 × 40 =
12	4 × 16 =
13	6 × 70 =
14	2 × 35 =
15	8 × 90 =
16	3 × 72 =
17	4 × 60 =
18	3 × 52 =
19	9 × 80 =
20	5 × 46 =

점수		확인	

걸린시간 : _____ 분 _____ 초

1	2	3	4	5
5	6	5	5	4
7	7	7	8	7
3	2	2	3	6
9	9	9	7	2
8	4	7	5	8
5	6	5	9	6

6	7	8	9	10
6	6	6	7	7
3	3	2	3	2
8	8	8	9	9
7	9	5	2	5
3	4	9	7	8
9	6	6	6	4

점수　　확인

걸린시간 : _____ 분 _____ 초

1	2	3	4	5
8	84	6	8	68
49	78	84	69	-3
66	-2	37	-6	7
-1	6	-2	83	56

6	7	8	9	10
4	7	8	69	4
73	58	59	-3	82
-5	39	-7	7	-6
81	-2	62	51	42

점수 | 확인

제22회 승암산 **3교시** 제한시간 : 3분

7급

걸린시간 : _____ 분 _____ 초

1	80	×	5	=
2	72	×	3	=
3	60	×	7	=
4	82	×	2	=
5	70	×	0	=
6	61	×	9	=
7	60	×	6	=
8	42	×	1	=
9	60	×	8	=
10	52	×	4	=
11	7	×	20	=
12	8	×	24	=
13	9	×	80	=
14	3	×	46	=
15	6	×	90	=
16	3	×	71	=
17	5	×	50	=
18	2	×	63	=
19	6	×	50	=
20	4	×	81	=

점수

확인

걸린시간 : _____ 분 _____ 초

1	2	3	4	5
8	7	6	5	7
4	4	3	2	2
2	9	9	9	9
7	6	7	6	3
5	2	2	4	6
9	8	8	8	7

6	7	8	9	10
7	4	5	6	5
3	7	8	2	2
7	2	3	8	8
8	5	9	5	5
3	8	6	9	7
9	3	7	3	3

점수		확인	

제23회 **가감암산** | **2교시** | 제한시간 : 3분

걸린시간 : _____ 분 _____ 초

1	2	3	4	5
8	4	7	89	8
69	82	59	−6	69
−7	39	−6	4	42
31	−5	51	62	−3

6	7	8	9	10
6	3	7	3	6
82	76	−5	92	73
−6	95	89	64	−6
23	−3	31	−2	21

점수		확인	

걸린시간 : _____ 분 _____ 초

1	30 × 7 =
2	62 × 8 =
3	40 × 9 =
4	53 × 2 =
5	80 × 3 =
6	52 × 4 =
7	40 × 9 =
8	71 × 0 =
9	40 × 6 =
10	29 × 5 =
11	6 × 70 =
12	8 × 72 =
13	9 × 60 =
14	1 × 73 =
15	4 × 80 =
16	3 × 42 =
17	2 × 80 =
18	4 × 72 =
19	5 × 60 =
20	7 × 96 =

점수
확인

제24회 가암산 **1교시** 제한시간 : 3분

걸린시간 : _____ 분 _____ 초

1	2	3	4	5
6	6	6	5	9
3	3	7	7	6
8	8	3	9	3
5	7	8	3	9
6	4	9	6	8
5	5	5	8	6

6	7	8	9	10
6	7	6	5	8
3	4	3	4	6
9	8	8	8	3
7	2	9	3	8
5	7	5	9	6
8	6	7	8	7

점수 □ 확인 □

걸린시간 : _____ 분 _____ 초

1	2	3	4	5
36	8	2	49	6
87	71	69	− 5	78
6	− 9	35	4	93
− 3	61	− 1	15	− 2

6	7	8	9	10
5	9	3	2	8
84	78	68	76	73
− 9	− 6	28	− 3	46
32	31	− 4	85	− 5

점수 □ 확인 □

제24회 승암산 **3교시** 제한시간 : 3분

걸린시간 : _____ 분 _____ 초

1	50	×	5	=
2	63	×	3	=
3	90	×	2	=
4	42	×	4	=
5	80	×	6	=
6	31	×	7	=
7	90	×	9	=
8	62	×	0	=
9	30	×	8	=
10	72	×	2	=
11	6	×	90	=
12	7	×	61	=
13	3	×	80	=
14	4	×	32	=
15	5	×	90	=
16	2	×	52	=
17	3	×	80	=
18	9	×	51	=
19	8	×	90	=
20	1	×	87	=

점수   확인

걸린시간 : _____ 분 _____ 초

1	2	3	4	5
6	7	4	6	5
3	4	7	2	2
9	8	8	8	8
8	6	4	6	6
5	7	6	9	7
6	6	8	4	4

6	7	8	9	10
5	6	5	8	6
2	3	8	3	2
8	9	7	9	8
6	8	2	5	6
6	4	5	8	8
4	7	7	6	7

점수　　확인

제25회 **가감암산** **2교시** 제한시간 : 3분

걸린시간 : _____ 분 _____ 초

1	2	3	4	5
6	3	8	7	9
87	85	−3	79	74
−3	28	65	−1	35
25	−1	27	45	−2

6	7	8	9	10
7	9	6	63	8
85	88	78	−2	58
46	−6	38	8	79
−3	46	−1	82	−5

점수   확인

걸린시간 : ______ 분 ______ 초

1	40	× 7	=
2	62	× 3	=
3	70	× 6	=
4	91	× 4	=
5	80	× 5	=
6	72	× 0	=
7	30	× 8	=
8	63	× 9	=
9	90	× 5	=
10	73	× 1	=
11	3	× 20	=
12	8	× 41	=
13	4	× 80	=
14	2	× 52	=
15	5	× 80	=
16	6	× 31	=
17	8	× 70	=
18	2	× 93	=
19	7	× 50	=
20	9	× 42	=

점수　　　확인

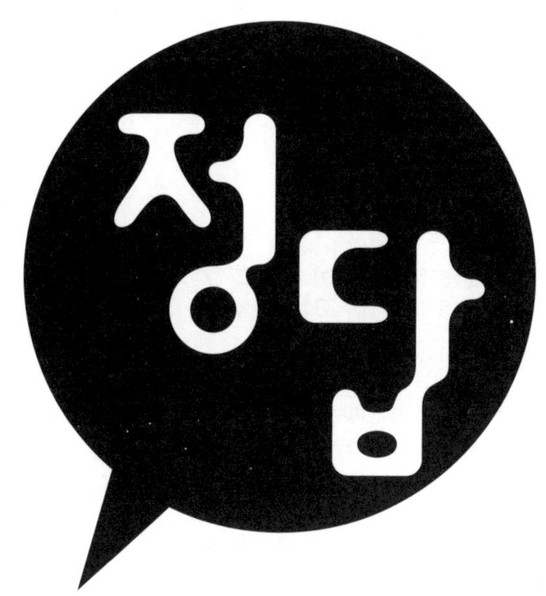
정답

제1회

2쪽 _ 1교시
① 35　② 27　③ 35　④ 27　⑤ 31
⑥ 24　⑦ 30　⑧ 31　⑨ 35　⑩ 31

3쪽 _ 2교시
① 115　② 88　③ 121　④ 125　⑤ 138
⑥ 185　⑦ 160　⑧ 124　⑨ 140　⑩ 112

4쪽 _ 3교시
① 480　② 155　③ 120　④ 369　⑤ 140　⑥ 168　⑦ 480
⑧ 150　⑨ 540　⑩ 408　⑪ 91　⑫ 40　⑬ 255　⑭ 0
⑮ 256　⑯ 240　⑰ 310　⑱ 240　⑲ 837　⑳ 180

제2회

5쪽 _ 1교시
① 31　② 26　③ 32　④ 38　⑤ 37
⑥ 34　⑦ 34　⑧ 37　⑨ 33　⑩ 27

6쪽 _ 2교시
① 127　② 131　③ 165　④ 140　⑤ 93
⑥ 120　⑦ 162　⑧ 171　⑨ 141　⑩ 126

7쪽 _ 3교시
① 400　② 186　③ 189　④ 140　⑤ 200　⑥ 188　⑦ 240
⑧ 630　⑨ 205　⑩ 480　⑪ 159　⑫ 324　⑬ 148　⑭ 80
⑮ 48　⑯ 0　⑰ 126　⑱ 160　⑲ 250　⑳ 648

제3회

8쪽 _ 1교시
① 27　② 24　③ 36　④ 29　⑤ 27
⑥ 21　⑦ 30　⑧ 29　⑨ 37　⑩ 27

9쪽 _ 2교시
① 120　② 153　③ 161　④ 142　⑤ 121
⑥ 135　⑦ 130　⑧ 170　⑨ 143　⑩ 133

10쪽 _ 3교시
① 180　② 216　③ 0　④ 60　⑤ 366　⑥ 270　⑦ 490
⑧ 540　⑨ 200　⑩ 159　⑪ 306　⑫ 240　⑬ 210　⑭ 208
⑮ 180　⑯ 249　⑰ 497　⑱ 188　⑲ 49　⑳ 155

제4회

11쪽 _ 1교시
① 26　② 28　③ 24　④ 26　⑤ 33
⑥ 25　⑦ 27　⑧ 29　⑨ 30　⑩ 27

12쪽 _ 2교시
① 144　② 130　③ 180　④ 95　⑤ 73
⑥ 117　⑦ 133　⑧ 161　⑨ 121　⑩ 184

13쪽 _ 3교시
① 270　② 0　③ 420　④ 162　⑤ 630　⑥ 126　⑦ 200
⑧ 186　⑨ 480　⑩ 255　⑪ 240　⑫ 156　⑬ 300　⑭ 287
⑮ 184　⑯ 160　⑰ 480　⑱ 287　⑲ 126　⑳ 360

제5회

14쪽 _ 1교시
① 28　② 27　③ 27　④ 25　⑤ 29
⑥ 31　⑦ 28　⑧ 27　⑨ 23　⑩ 27

15쪽 _ 2교시
① 117　② 122　③ 159　④ 160　⑤ 162
⑥ 133　⑦ 110　⑧ 176　⑨ 120　⑩ 119

16쪽 _ 3교시
① 300　② 68　③ 560　④ 129　⑤ 810　⑥ 248　⑦ 360
⑧ 0　⑨ 400　⑩ 213　⑪ 360　⑫ 128　⑬ 640　⑭ 287
⑮ 270　⑯ 455　⑰ 480　⑱ 126　⑲ 270　⑳ 148

제6회

17쪽 _ 1교시
① 29　② 29　③ 29　④ 33　⑤ 30
⑥ 28　⑦ 32　⑧ 25　⑨ 27　⑩ 29

18쪽 _ 2교시
① 121　② 113　③ 141　④ 161　⑤ 161
⑥ 137　⑦ 130　⑧ 110　⑨ 154　⑩ 181

19쪽 _ 3교시
① 240　② 126　③ 540　④ 217　⑤ 320　⑥ 156　⑦ 450
⑧ 86　⑨ 400　⑩ 284　⑪ 180　⑫ 217　⑬ 0　⑭ 246
⑮ 720　⑯ 455　⑰ 144　⑱ 450　⑲ 486　⑳ 280

제7회

20쪽 _ 1교시
① 24　② 27　③ 28　④ 30　⑤ 22
⑥ 24　⑦ 30　⑧ 30　⑨ 31　⑩ 28

21쪽 _ 2교시
① 121　② 112　③ 160　④ 161　⑤ 151
⑥ 163　⑦ 151　⑧ 128　⑨ 106　⑩ 160

22쪽 _ 3교시
① 160　② 126　③ 540　④ 68　⑤ 300　⑥ 0　⑦ 560
⑧ 244　⑨ 450　⑩ 225　⑪ 60　⑫ 228　⑬ 90　⑭ 476
⑮ 100　⑯ 288　⑰ 180　⑱ 196　⑲ 490　⑳ 846

제8회

23쪽 _ 1교시
① 37　② 22　③ 25　④ 29　⑤ 27
⑥ 33　⑦ 27　⑧ 33　⑨ 33　⑩ 33

24쪽 _ 2교시
① 102　② 102　③ 120　④ 167　⑤ 131
⑥ 95　⑦ 114　⑧ 121　⑨ 106　⑩ 62

25쪽 _ 3교시
① 356　② 68　③ 420　④ 156　⑤ 360　⑥ 0　⑦ 400
⑧ 516　⑨ 630　⑩ 232　⑪ 60　⑫ 140　⑬ 560　⑭ 135
⑮ 200　⑯ 198　⑰ 210　⑱ 747　⑲ 240　⑳ 183

제9회

26쪽 _ 1교시
① 28 　② 24 　③ 27 　④ 29 　⑤ 26
⑥ 25 　⑦ 33 　⑧ 30 　⑨ 31 　⑩ 29

27쪽 _ 2교시
① 122 　② 108 　③ 103 　④ 116 　⑤ 101
⑥ 110 　⑦ 165 　⑧ 102 　⑨ 112 　⑩ 100

28쪽 _ 3교시
① 400 　② 174 　③ 810 　④ 128 　⑤ 140 　⑥ 123 　⑦ 0
⑧ 480 　⑨ 195 　⑩ 400 　⑪ 350 　⑫ 212 　⑬ 240 　⑭ 156
⑮ 270 　⑯ 89 　⑰ 234 　⑱ 320 　⑲ 186 　⑳ 300

제10회

29쪽 _ 1교시
① 33 　② 27 　③ 29 　④ 31 　⑤ 27
⑥ 26 　⑦ 31 　⑧ 26 　⑨ 32 　⑩ 26

30쪽 _ 2교시
① 105 　② 169 　③ 140 　④ 75 　⑤ 121
⑥ 135 　⑦ 124 　⑧ 161 　⑨ 102 　⑩ 112

31쪽 _ 3교시
① 240 　② 168 　③ 150 　④ 128 　⑤ 350 　⑥ 0 　⑦ 180
⑧ 287 　⑨ 240 　⑩ 96 　⑪ 480 　⑫ 188 　⑬ 480 　⑭ 195
⑮ 180 　⑯ 196 　⑰ 160 　⑱ 165 　⑲ 90 　⑳ 330

제11회

32쪽 _ 1교시
① 27 　② 28 　③ 28 　④ 30 　⑤ 30
⑥ 29 　⑦ 29 　⑧ 28 　⑨ 29 　⑩ 37

33쪽 _ 2교시
① 81 　② 148 　③ 115 　④ 92 　⑤ 176
⑥ 135 　⑦ 127 　⑧ 100 　⑨ 119 　⑩ 140

34쪽 _ 3교시
① 240 　② 189 　③ 810 　④ 288 　⑤ 480 　⑥ 147 　⑦ 200
⑧ 252 　⑨ 100 　⑩ 380 　⑪ 420 　⑫ 266 　⑬ 320 　⑭ 276
⑮ 300 　⑯ 108 　⑰ 160 　⑱ 89 　⑲ 90 　⑳ 0

제12회

35쪽 _ 1교시
① 31 　② 31 　③ 25 　④ 29 　⑤ 28
⑥ 22 　⑦ 30 　⑧ 27 　⑨ 31 　⑩ 28

36쪽 _ 2교시
① 93 　② 89 　③ 161 　④ 102 　⑤ 141
⑥ 105 　⑦ 116 　⑧ 135 　⑨ 128 　⑩ 142

37쪽 _ 3교시
① 300 　② 432 　③ 160 　④ 164 　⑤ 360 　⑥ 68 　⑦ 420
⑧ 584 　⑨ 450 　⑩ 75 　⑪ 30 　⑫ 388 　⑬ 560 　⑭ 155
⑮ 560 　⑯ 156 　⑰ 120 　⑱ 0 　⑲ 540 　⑳ 166

제13회

38쪽 _ 1교시
① 30 　② 27 　③ 25 　④ 26 　⑤ 31
⑥ 27 　⑦ 29 　⑧ 26 　⑨ 30 　⑩ 26

39쪽 _ 2교시
① 122 　② 92 　③ 140 　④ 97 　⑤ 161
⑥ 121 　⑦ 145 　⑧ 72 　⑨ 101 　⑩ 163

40쪽 _ 3교시
① 360 　② 36 　③ 300 　④ 208 　⑤ 270 　⑥ 168 　⑦ 420
⑧ 0 　⑨ 480 　⑩ 423 　⑪ 100 　⑫ 497 　⑬ 320 　⑭ 208
⑮ 450 　⑯ 126 　⑰ 630 　⑱ 168 　⑲ 180 　⑳ 144

제14회

41쪽 _ 1교시
① 28 　② 34 　③ 26 　④ 28 　⑤ 33
⑥ 30 　⑦ 28 　⑧ 31 　⑨ 33 　⑩ 32

42쪽 _ 2교시
① 130 　② 151 　③ 115 　④ 91 　⑤ 140
⑥ 130 　⑦ 137 　⑧ 157 　⑨ 98 　⑩ 155

43쪽 _ 3교시
① 200 　② 38 　③ 450 　④ 648 　⑤ 280 　⑥ 166 　⑦ 0
⑧ 248 　⑨ 480 　⑩ 186 　⑪ 180 　⑫ 392 　⑬ 240 　⑭ 129
⑮ 300 　⑯ 194 　⑰ 560 　⑱ 147 　⑲ 540 　⑳ 328

제15회

44쪽 _ 1교시
① 33 　② 33 　③ 31 　④ 25 　⑤ 34
⑥ 35 　⑦ 29 　⑧ 28 　⑨ 33 　⑩ 25

45쪽 _ 2교시
① 135 　② 126 　③ 142 　④ 131 　⑤ 111
⑥ 151 　⑦ 186 　⑧ 122 　⑨ 160 　⑩ 137

46쪽 _ 3교시
① 270 　② 246 　③ 100 　④ 39 　⑤ 240 　⑥ 0 　⑦ 450
⑧ 312 　⑨ 592 　⑩ 280 　⑪ 100 　⑫ 384 　⑬ 560 　⑭ 183
⑮ 720 　⑯ 64 　⑰ 720 　⑱ 84 　⑲ 490 　⑳ 168

제16회

47쪽 _ 1교시
① 29 　② 30 　③ 28 　④ 30 　⑤ 29
⑥ 33 　⑦ 32 　⑧ 30 　⑨ 26 　⑩ 31

48쪽 _ 2교시
① 100 　② 136 　③ 124 　④ 76 　⑤ 115
⑥ 150 　⑦ 161 　⑧ 92 　⑨ 166 　⑩ 101

49쪽 _ 3교시
① 350 　② 387 　③ 120 　④ 0 　⑤ 560 　⑥ 168 　⑦ 120
⑧ 17 　⑨ 180 　⑩ 186 　⑪ 240 　⑫ 108 　⑬ 720 　⑭ 138
⑮ 90 　⑯ 305 　⑰ 560 　⑱ 146 　⑲ 240 　⑳ 354

제17회

50쪽 _ 1교시

① 38 　② 35 　③ 34 　④ 37 　⑤ 35
⑥ 36 　⑦ 36 　⑧ 32 　⑨ 37 　⑩ 33

51쪽 _ 2교시

① 108 　② 127 　③ 111 　④ 116 　⑤ 140
⑥ 136 　⑦ 120 　⑧ 113 　⑨ 142 　⑩ 98

52쪽 _ 3교시

① 300 　② 246 　③ 0 　④ 116 　⑤ 250 　⑥ 156 　⑦ 270
⑧ 248 　⑨ 630 　⑩ 592 　⑪ 810 　⑫ 63 　⑬ 350 　⑭ 315
⑮ 400 　⑯ 116 　⑰ 480 　⑱ 126 　⑲ 480 　⑳ 273

제18회

53쪽 _ 1교시

① 34 　② 34 　③ 35 　④ 34 　⑤ 34
⑥ 36 　⑦ 38 　⑧ 34 　⑨ 32 　⑩ 35

54쪽 _ 2교시

① 161 　② 65 　③ 143 　④ 146 　⑤ 155
⑥ 120 　⑦ 148 　⑧ 127 　⑨ 123 　⑩ 97

55쪽 _ 3교시

① 240 　② 208 　③ 420 　④ 168 　⑤ 300 　⑥ 0 　⑦ 350
⑧ 147 　⑨ 630 　⑩ 648 　⑪ 100 　⑫ 144 　⑬ 400 　⑭ 89
⑮ 270 　⑯ 128 　⑰ 210 　⑱ 195 　⑲ 320 　⑳ 558

제19회

56쪽 _ 1교시

① 36 　② 36 　③ 31 　④ 37 　⑤ 38
⑥ 38 　⑦ 33 　⑧ 34 　⑨ 37 　⑩ 36

57쪽 _ 2교시

① 162 　② 149 　③ 99 　④ 122 　⑤ 125
⑥ 115 　⑦ 137 　⑧ 152 　⑨ 118 　⑩ 110

58쪽 _ 3교시

① 140 　② 96 　③ 250 　④ 248 　⑤ 720 　⑥ 97 　⑦ 480
⑧ 0 　⑨ 420 　⑩ 128 　⑪ 240 　⑫ 469 　⑬ 360 　⑭ 164
⑮ 350 　⑯ 215 　⑰ 168 　⑱ 630 　⑲ 276 　⑳ 240

제20회

59쪽 _ 1교시

① 34 　② 35 　③ 33 　④ 34 　⑤ 33
⑥ 35 　⑦ 37 　⑧ 34 　⑨ 34 　⑩ 35

60쪽 _ 2교시

① 101 　② 110 　③ 109 　④ 104 　⑤ 176
⑥ 127 　⑦ 159 　⑧ 80 　⑨ 132 　⑩ 116

61쪽 _ 3교시

① 70 　② 378 　③ 300 　④ 86 　⑤ 480 　⑥ 192 　⑦ 480
⑧ 0 　⑨ 360 　⑩ 73 　⑪ 180 　⑫ 248 　⑬ 160 　⑭ 141
⑮ 350 　⑯ 720 　⑰ 260 　⑱ 420 　⑲ 183 　⑳ 178

제21회

62쪽 _ 1교시

① 35 　② 36 　③ 30 　④ 36 　⑤ 34
⑥ 37 　⑦ 36 　⑧ 36 　⑨ 39 　⑩ 32

63쪽 _ 2교시

① 145 　② 118 　③ 110 　④ 160 　⑤ 116
⑥ 115 　⑦ 108 　⑧ 100 　⑨ 135 　⑩ 92

64쪽 _ 3교시

① 150 　② 166 　③ 400 　④ 276 　⑤ 560 　⑥ 0 　⑦ 360
⑧ 549 　⑨ 360 　⑩ 328 　⑪ 280 　⑫ 64 　⑬ 420 　⑭ 70
⑮ 720 　⑯ 216 　⑰ 240 　⑱ 156 　⑲ 720 　⑳ 230

제22회

65쪽 _ 1교시

① 37 　② 34 　③ 35 　④ 37 　⑤ 33
⑥ 36 　⑦ 36 　⑧ 36 　⑨ 34 　⑩ 35

66쪽 _ 2교시

① 122 　② 166 　③ 125 　④ 154 　⑤ 128
⑥ 153 　⑦ 102 　⑧ 122 　⑨ 124 　⑩ 122

67쪽 _ 3교시

① 400 　② 216 　③ 420 　④ 164 　⑤ 0 　⑥ 549 　⑦ 360
⑧ 42 　⑨ 480 　⑩ 208 　⑪ 140 　⑫ 192 　⑬ 720 　⑭ 138
⑮ 540 　⑯ 213 　⑰ 250 　⑱ 126 　⑲ 300 　⑳ 324

제23회

68쪽 _ 1교시

① 35 　② 36 　③ 35 　④ 34 　⑤ 34
⑥ 37 　⑦ 29 　⑧ 38 　⑨ 33 　⑩ 30

69쪽 _ 2교시

① 101 　② 120 　③ 111 　④ 149 　⑤ 116
⑥ 105 　⑦ 171 　⑧ 122 　⑨ 157 　⑩ 94

70쪽 _ 3교시

① 210 　② 496 　③ 360 　④ 106 　⑤ 240 　⑥ 208 　⑦ 360
⑧ 0 　⑨ 240 　⑩ 145 　⑪ 420 　⑫ 576 　⑬ 540 　⑭ 73
⑮ 320 　⑯ 126 　⑰ 160 　⑱ 288 　⑲ 300 　⑳ 672

제24회

71쪽 _ 1교시

① 33 　② 33 　③ 38 　④ 38 　⑤ 41
⑥ 38 　⑦ 34 　⑧ 38 　⑨ 37 　⑩ 38

72쪽 _ 2교시

① 126 　② 131 　③ 105 　④ 63 　⑤ 175
⑥ 112 　⑦ 112 　⑧ 95 　⑨ 160 　⑩ 122

73쪽 _ 3교시

① 250 　② 189 　③ 180 　④ 168 　⑤ 480 　⑥ 217 　⑦ 810
⑧ 0 　⑨ 240 　⑩ 144 　⑪ 540 　⑫ 427 　⑬ 240 　⑭ 128
⑮ 450 　⑯ 104 　⑰ 240 　⑱ 459 　⑲ 720 　⑳ 87

제25회

74쪽 _ 1교시

① 37 　② 38 　③ 37 　④ 35 　⑤ 32
⑥ 31 　⑦ 37 　⑧ 34 　⑨ 39 　⑩ 37

75쪽 _ 2교시

① 115 　② 115 　③ 97 　④ 130 　⑤ 116
⑥ 135 　⑦ 137 　⑧ 121 　⑨ 151 　⑩ 140

76쪽 _ 3교시

① 280 　② 186 　③ 420 　④ 364 　⑤ 400 　⑥ 0 　⑦ 240
⑧ 567 　⑨ 450 　⑩ 73 　⑪ 60 　⑫ 328 　⑬ 320 　⑭ 104
⑮ 400 　⑯ 186 　⑰ 560 　⑱ 186 　⑲ 350 　⑳ 378